André Luis Christoforo
Sérgio Augusto Mello da Silva
Francisco Antonio Rocco Lahr

Painéis de aglomerado de partículas fabricados com madeira de eucalipto e adesivo alternativo

André Luis Christoforo
Sérgio Augusto Mello da Silva
Francisco Antonio Rocco Lahr

Painéis de aglomerado de partículas fabricados com madeira de eucalipto e adesivo alternativo

Aglomerado de partículas

ScienciaScripts

Imprint
Any brand names and product names mentioned in this book are subject to trademark, brand or patent protection and are trademarks or registered trademarks of their respective holders. The use of brand names, product names, common names, trade names, product descriptions etc. even without a particular marking in this work is in no way to be construed to mean that such names may be regarded as unrestricted in respect of trademark and brand protection legislation and could thus be used by anyone.

Cover image: www.ingimage.com

This book is a translation from the original published under ISBN 978-620-2-06893-2.

Publisher:
Sciencia Scripts
is a trademark of
Dodo Books Indian Ocean Ltd. and OmniScriptum S.R.L publishing group

120 High Road, East Finchley, London, N2 9ED, United Kingdom
Str. Armeneasca 28/1, office 1, Chisinau MD-2012, Republic of Moldova, Europe
Printed at: see last page
ISBN: 978-620-8-23464-5

André Luis Christoforo: Professor Associado do Departamento de Engenharia Civil (DECiv) - Universidade Federal de São Carlos (UFSCar), Engenheiro Civil pela Universidade de Franca (UNIFRAN) em 2000, Mestre em Engenharia de Estruturas pela Escola de Engenharia de São Carlos - Universidade de São Paulo (EESC/USP) em 2003, Doutor pela EESC/USP em 2007 e Pós-Doutorado desenvolvido na EESC/USP em 2013 e na Faculdade de Zootecnia e Engenharia de Alimentos (FZEA/USP) da Universidade de São Paulo em 2013 e na Universidade Júlio de Mesquita Filho (UNESP), campus Ilha Solteira. Universidade "Julio de Mesquita Filho" (UNESP), *campus* de Ilha Solteira/SP em 2014.

Sergio Augusto Mello da Silva: Arquiteto pela Universidade Federal do Pará (1986), Mestre em Tecnologia Ambiental Construída pela Universidade de São Paulo (1991), Doutor em Engenharia Agrícola pela Universidade Estadual de Campinas (2003) e professor da Universidade Estadual Júlio de Mesquita Filho.

Francisco A. Rocco Lahr: Professor Titular do Departamento de Engenharia de Estruturas da EESC/USP, Engenheiro Civil pela Escola de Engenharia de São Carlos - Universidade de São Paulo (EESC/USP) em 1975, Mestre em Engenharia de Estruturas EESC/USP em 1996, Doutor pela EESC/USP em 1983.

PREÂMBULO

A madeira de Eucalyptus tem sido utilizada para diversas finalidades, na construção civil, na construção rural, no setor moveleiro e de embalagens, entre outros, e os resíduos gerados a partir do processamento dessa madeira consistem em agravantes dos problemas ambientais, que os painéis são uma forma de aproveitamento. Este livro teve como objetivo apresentar a viabilidade de produção de painéis de partículas contendo três espécies de Eucalyptus (saligna; grandis; urograndis) e dois teores (12%, 15%) da resina poliuretana óleo de mamona com base no peso (1300g) das partículas secas (aproximadamente 9% de umidade), e avaliar os efeitos dos fatores e a interação das propriedades físicas e mecânicas de interesse. Foram delineados seis diferentes tratamentos experimentais, gerados a partir da combinação dos fatores espécie de eucalipto e teor de resina. De cada tratamento foram fabricados 6 painéis, perfazendo um total de 36 painéis (28cm^28cm'>< -lcm). Os parâmetros de fabrico foram pressão de compressão de 4MPa, a uma temperatura de 100°C e tempo de prensagem de 10 minutos. A caraterização dos painéis foi feita de acordo com a norma brasileira ABNT NBR 14810, e os resultados das propriedades físicas e mecânicas foram comparados com as exigências desta e de outras normas regulamentadoras relacionadas à área.

Palavras-chave: Eucalipto, resina poliuretana à base de óleo de mamona, análise de variância, rigidez, resistência.

RESUMO

CAPÍTULO 1

Introdução

O Brasil possui um grande potencial de recursos renováveis, como os produtos agrícolas e florestais. Segundo Tamanini e Hauly [1], a produção de resíduos nesses segmentos é de cerca de 250 milhões de toneladas por ano. O aproveitamento correto desses resíduos ajuda a minimizar os problemas ambientais e energéticos, além de gerar produtos com aplicações relevantes na indústria.

Com o objetivo de melhorar algumas propriedades dos painéis de aglomerado de partículas, alguns aditivos químicos são incorporados na resina durante a aplicação do adesivo, como um catalisador ou endurecedor, emulsão de parafina, retardador de fogo e outros [2, 3].

A madeira, por sua vez, pode ser combinada com diversos outros materiais, como madeira adesiva, madeira, cimento [4, 5], madeira-plástica [6, 8], fibras lignocelulósicas de madeira, entre outros.

Vários investigadores têm tido sucesso no que respeita ao desenvolvimento, caraterização e aplicação de painéis derivados de madeira compostos por resíduos orgânicos como a madeira e o bambu [9-11]; painéis fabricados com resíduos de madeira de Pinus sp tratados com o conservante CCB [12]; painéis de partículas fabricados com resíduos da indústria de pasta de papel [13]; painéis de partículas com vários resíduos de diferentes espécies de madeira [8, 14, 15]; painéis fabricados com resíduos de partículas de bagaço de cana de açúcar [16, 17], madeira e casca de arroz [18], entre outros painéis.

De acordo com o Instituto Brasileiro de Geografia e Estatstica - IBGE [19], o Brasil possui uma rea total absoluta de 8.514.877 km^2 (cerca de 851,5 milhes de hectares). No total, 477,7 milhões de hectares são de florestas nativas e 6,5 milhões de hec-tares de florestas plantadas, sendo 4,2 milhões de hectares de eucalipto, 1,9 milhão de hectares de pinus e 400 mil hec-tares com outras espécies. Assim, as florestas plantadas ainda ocupam apenas 0,8 % do território nacional, representando, mesmo assim, a sétima maior área do mundo.

A ABIPA [20] argumenta que a produção brasileira de MDP tem crescido significativamente desde 2000. A produção de MDP foi de aproximadamente 4,5 milhões de metros cúbicos em 2010, com perspectivas de produzir 4,8 milhões de metros cúbicos até o final de 2012.

Para Mendens [17], a redução da oferta de madeira de florestas naturais no mercado, motivada pela crescente conscientização dos danos causados pela exploração seletiva e predatória, principalmente pela expansão agrícola, mineração e produção de carvão vegetal, tem contribuído para o aumento das florestas plantadas em todo o mundo, incentivando a demanda por madeira de Eucalyptus e Pinus em substituição à madeira nativa no mercado.

Atualmente o Eucalipto é cultivado em quase todo o mundo, por ser um gênero que possui espécies facilmente adaptáveis a diferentes climas. A maioria das espécies plantadas no Brasil está aumentando rapidamente em decorrência da alta qualidade do material genético utilizado. A produção de madeira e seus derivados ocorre em grande escala, devido à grande demanda de madeira pelo mercado florestal brasileiro [21].

Segundo Garcia e Mora [22], o eucalipto é altamente versátil, com oportunidades de utilização em diversos segmentos, como óleos essenciais (farmacêuticos, higiene pessoal e limpeza), celulose (viscose, acetato, revestimento de medicamentos), madeira tratada (postes e mourões), carvão vegetal e lenha, madeira serrada (construção civil, indústria moveleira e brinquedos), painéis derivados de madeira (lâminas, compensados, chapas de madeira, chapas de fibra e parti-cleboard), produtos apícolas (mel, própolis), entre outros.

De acordo com a Associação Brasileira de Florestas Plantadas - ABRAF [23], a área de florestas plantadas com Eucalyptus está em franca expansão na maioria dos estados brasileiros com tradição florestal do gênero, com crescimento médio anual de 7,1% no país no período de 2004 a 2009. No Brasil, em 2009, a área plantada com florestas de eucalipto ultrapassou quatro milhões de hectares.

A geração de resíduos de madeira de eucalipto apresenta-se como agravante ao meio ambiente, e como forma de aproveitamento destes, algumas pesquisas na área de painéis têm sido desenvolvidas.

CAPÍTULO 2

Revisão da literatura

Iwakiri [24] realizou um estudo sobre a produção de painéis de aglomerado utilizando resíduos das espécies Eucalyptus saligna, Eucalyptus citriodora e Eucalyptus pilularis, para avaliar o desempenho destas misturas de resíduos de madeira na produção de painéis colados com dois níveis de resina ureia-formaldeído, de acordo com a norma CS 236-66 [25].

Os painéis foram produzidos em laboratório, e os procedimentos experimentais foram formados utilizando as partículas obtidas por moinho de martelos com um teor de humidade de aproximadamente 3%. Dois níveis de resina ureia-formaldeído (UF) (8 e 12% - com base em □
o peso seco das partículas); densidade nominal de 0,80 g/cm; ciclo de prensagem a uma temperatura de 140°C, tempo de prensagem de 8 minutos e pressão de prensagem de 40 kgfrcm^2 (4 MPa).

Os resultados permitiram concluir que os painéis com 12% de resina UF apresentaram maior estabilidade dimensional, principalmente os de Eucalyptus saligna. Não houve diferenças significativas entre o módulo de elasticidade para os diferentes teores de resina (8 e 12%).

Os melhores resultados para o módulo de rutura em flexão estática foram obtidos nos painéis fabricados com 12% de partículas de resina UF e com a espécie de madeira Eucalyptus saligna, sendo que apenas para esta espécie a maior quantidade de resina (12%) teve um efeito positivo no módulo de rutura; os resultados obtidos para a resistência à tração nas direcções perpendiculares em todos os tratamentos foram superiores aos referenciados pela norma CS 236-66 [25]. Em

De um modo geral, os autores consideram que os resíduos das espécies de madeira de eucalipto estudadas podem ser recomendados para a produção de painéis de aglomerado.

Pedrazzi et al. [26] avaliaram a qualidade de painéis de madeira aglomerada preparados com resíduos de Eucalyptus saligna. Os painéis foram fabricados com dois tipos de resíduos (serragem e palitos), e utilizados puros. O adesivo utilizado foi à base de ureia-formaldeído nas proporções de 4, 8 e 12% (com base no peso seco das partículas).

Os valores das propriedades de flexão, ligação interna e resistência ao arrancamento de parafusos aumentaram com a densidade dos painéis, bem como com o teor de resina, independentemente do tipo de resíduo. Os valores de absorção de água aumentaram com a diminuição da densidade em ambos os painéis de partículas produzidos como palitos para serrar, e os valores de inchamento em espessura aumentaram com a diminuição do teor de resina, sem considerar o tipo de resíduo utilizado.

Milagres et al. [27] produziram e avaliaram as propriedades físicas e mecânicas de painéis confeccionados a partir da mistura de partículas de Eucalyptus grandis e polietileno de alta densidade, polietileno de baixa densidade e polipropileno, fazendo uso de duas formulações de adesivos, 100% uréia-formaldeído e 99,5% uréia-formaldeído com 0,5% de resina epóxi, utilizando pressão de compressão de 3,2MPa e 190°C por 6 minutos.

De um modo geral, as propriedades dos painéis foram afectadas pela composição das partículas, sendo que os painéis fabricados a partir da composição de 75% de partículas e 25% de partículas de madeira com polietileno de alta densidade apresentam os melhores resultados para as propriedades (físicas e mecânicas) investigadas. A adição do epóxi proporcionou aumentos nos valores do módulo de rutura e da dureza Janka, e conferiu redução no inchamento da espessura de alguns painéis. Com exceção do módulo de elasticidade em flexão estática, as restantes propriedades mecânicas atingiram os requisitos mínimos estabelecidos pela norma americana ANSI/A1-208/93 [28].

Iwakiri et al. [29] fabricaram e caracterizaram painéis laminados LVL (Laminated Veneer Lumber) feitos com madeira de Eucalyptus grandis Hill ex Maiden e Eucalyptus dunni Maideni e resina fenol-formaldeído em três composições diferentes. De um modo geral, os autores concluem que a madeira de Eucalyptus grandis e de Eucalyptus dunnii têm grande potencial para a produção de madeira laminada unidirecional.

Iwakiri et al. [30] avaliaram a viabilidade do uso de madeiras de Eucalyptus grandis e Eucalyptus dunnii na fabricação de painéis de partículas orientadas (oriented strand board - OSB) utilizando resina fenol-formaldeído. Foram preparados painéis com 100% de partículas de madeira de Pinus taeda, 100% de Eucalyptus grandis e 100% de Eucalyptus dunnii, e painéis fabricados com composição de 50% de partículas de madeira de Pinus na camada interna e 50% de Eucalyptus grandis e 50% de Eucalyptus dunnii nas camadas externas. Os autores concluem que os resultados indicam a viabilidade da utilização da madeira de Eucalyptus grandis como espécie alternativa para a fabricação de OSB no Brasil.

Belini [31] fabricou painéis com fibras de madeira de Eucalyptus grandis e comparou seus resultados com as propriedades obtidas em painéis fabricados em escala comercial. Os painéis de MDF utilizados na linha de produção industrial apresentaram menores valores de inchamento em espessura e absorção de água, e maiores valores para o módulo de elasticidade e de rutura em flexão estática.

Protasio et al. [32] investigaram as correlações entre as propriedades físicas e mecânicas (densidade aparente, razão de compressão, inchamento da espessura, taxa de não-retomada na espessura, absorção de água, módulos de elasticidade e de resistência à flexão estática; ligação interna, resistência à compressão) de painéis confeccionados com três espécies de Eucalyptus (grandis, saligna, cloeziana), adesivo uréia-formaldeído (8% - sobre a massa seca das partículas) e 1% de parafina. Valores elevados para as correlações entre os módulos de elasticidade e de rutura com ligação interna foram obtidos para os painéis contendo Eucalyptus cloeziana, sendo notada a tendência de aumento do inchamento em espessura após 2 horas com o aumento da densidade aparente e da razão de compactação para os painéis produzidos com Eucalyptus saligna e Eucalyptus cloeziana.

Varanda et al. [33] investigaram a viabilidade da inclusão de resíduos de cascas de aveia em painéis de partículas fabricados com Eucalyptus grandis e resina de poliuretano bicomponente à base de óleo de rícino (10% da massa seca das partículas). Os parâmetros de fabrico foram: densidade nominal de 800kg/m, pressão de compactação de 4MPa, tempo de prensagem de 10 min e temperatura de prensagem de lOOoC. As fracções de casca de aveia utilizadas na composição dos painéis foram 0% (100% de Eucalyptus grandis), 15%, 30% e 100%. Os autores concluíram, entre outros, que as frações de partículas de Eucalyptus grandis foram significativas apenas no módulo de rutura em flexão estática (MOR), sendo que os painéis fabricados com 100% de partículas de cascas de aveia apresentaram os melhores resultados para MOR.

Mendes et al. [34] fabricaram e avaliaram as propriedades físicas e mecânicas de painéis de partículas fabricados com diferentes regiões radiais da madeira de Eucalyptus grandis. Os fatores investigados no estudo foram a extração da madeira na árvore (alburno, cerne e medula) e resíduos mistos (toras inteiras). Os painéis foram produzidos com densidade nominal de 0,70g/cm^3 , 8% de adesivo uréia-formaldeído, temperatura de 160°C e pressão de compressão de 4 MPa com tempo de prensagem de 8 minutos. Os autores concluíram que os painéis produzidos com a extração de partículas da região da medula apresentaram equivalência estatística com os painéis produzidos com a tora inteira de todas as propriedades investigadas, levando-se em conta todos os requisitos estipulados pela norma comercial, e que as regiões de cerne e alburno da madeira de Eucalyptus grandis não devem ser utilizadas na produção dos painéis separadamente.

Esta pesquisa teve como objetivo investigar o desempenho físico e mecânico de painéis de madeira aglomerada contendo madeira de três espécies de Eucalyptus (saligna; grandis; urograndis) e dois teores (12%, 15%) da resina poliuretana à base de óleo de mamona, comparando os resultados obtidos com os requisitos estabelecidos pela norma brasileira ABNT NBR 14810 [35] e também com os requisitos estabelecidos por outros documentos normativos.

CAPÍTULO 3

Material e métodos

As madeiras de Eucalyptus saligna, Eucalyptus grandis e Eucalyptus urograndis com densidade básica de 0,48g/cm , 0,43g/cm e 0,41g/cm3, respetivamente, foram obtidas da empresa Fadiga (Ltda), localizada na cidade de Bauru (SP- Brasil). As madeiras foram estocadas no laboratório de ensaios mecânicos da UNESP, Bauru (SP-Brasil), apresentando inicialmente teor de umidade em torno de 12%, calculado de acordo com as premissas e métodos de cálculo da norma brasileira ABNT NBR 7190 [36]. Com o auxílio de uma estufa, a umidade da madeira foi amortecida para valores próximos a 9%. As madeiras foram processadas em moinho de facas, utilizando-se uma peneira de 2,8 mm de abertura. Essa dimensão foi adotada de acordo com os bons resultados da pesquisa de Nascimento [37]. Depois de geradas as partículas, estas foram colocadas em sacos plásticos e acondicionadas em barricas plásticas, a fim de manter o teor de umidade de 9%.

Utilizou-se como fase matriz a resina poliuretana bicomponente à base de óleo de mamona, com 100% de teor de sólidos, preparada a partir de uma composição de poliol (derivado de óleo vegetal) com densidade de 1,2g/cm^3 , e o componente isocianato polifuncional com densidade de 1,24g/cm^3 , fornecido pela Plural Indústria Química Ltda (São Carlos - SP). É um adesivo de cura a frio e pode ser acelerado com temperatura a partir de 90°C. Os parâmetros de processo utilizados na confeção dos painéis foram: pressão de compressão de 4MPa, temperatura de prensagem de 100°C e tempo de prensagem de 10 minutos.

A massa de partículas adoptada no fabrico dos painéis, com dimensão de 28cmx28cmxlcm, foi de 1300g sobre a massa seca das partículas [12].

A Figura 1 mostra algumas das etapas envolvidas no fabrico dos painéis de aglomerado de partículas.

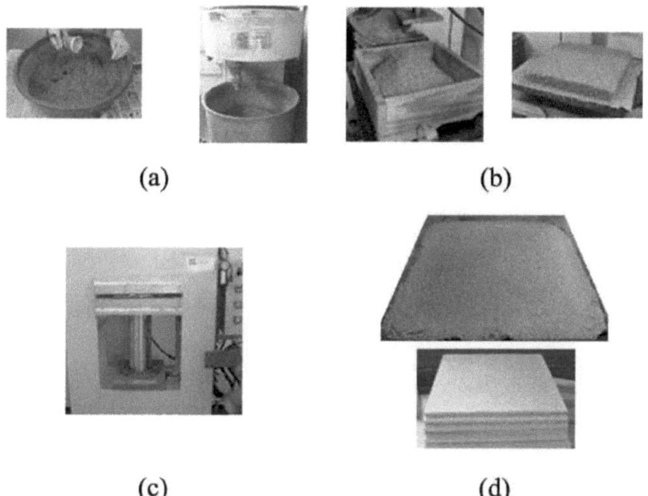

Figura 1: Produção de painéis: mistura de materiais (a); formação do colchão (b), prensagem a quente (c) e painel produzido (d).

Os factores experimentais investigados neste estudo foram as espécies de madeira *(Eucalyptus saligna* [Es], *Eucalyptus grandis* [Eg]; *Eucalyptus urograndis* [Eu]) e o teor de resina de poliuretano (12%, 15%) na massa seca das partículas, proporcionando um desenho fatorial completo (3'2") com seis tratamentos diferentes, conforme especificado na Tabela 1.

Quadro 1: Tratamentos experimentais delineados no fabrico dos painéis de aglomerado de partículas.

Treatments [Tr]	Wood specie [Esp]	Adhesive [Ad]
1	*Eucalyptus saligna*	12%
2	*Eucalyptus saligna*	15%
3	*Eucalyptus grandis*	12%
4	*Eucalyptus grandis*	15%
5	*Eucalyptus urograndis*	12%
6	*Eucalyptus urograndis*	15%

As variáveis de resposta investigadas foram a densidade (p), o teor de umidade (TU), o inchamento em espessura após duas (Inc -2h) e vinte e quatro horas (Inc- 24), a absorção de água após duas (Abs -2h) e vinte e quatro horas (Abs -24h), a resistência ao arrancamento à face (Rapf) e o módulo de elasticidade (MOE) e o módulo de rutura (MOR) em flexão estática, ambas as propriedades obtidas de acordo com as premissas e métodos de cálculo do material, resistência ao arrancamento à face (Rapf) e módulo de elasticidade (MOE) e módulo de rutura (MOR) em flexão estática, ambas as propriedades obtidas de acordo com as premissas e métodos de cálculo da norma brasileira ABNT NBR 1480 [35].

Para investigar a influência dos fatores e sua interação nas propriedades físicas e mecânicas de interesse foi utilizada a análise de variância (ANOVA), considerado o nível de significância de 5% (a), tendo como hipótese nula (H_o) a equivalência de médias entre os tratamentos e como hipótese alternativa (Hi) a não equivalência dos valores das médias. O valor de p menor que o nível de significância implica rejeitar H_o , aceitando-a caso contrário.

Para validar a ANOVA, foi avaliada a normalidade das distribuições dos resíduos por variável resposta (teste de Anderson-Darling) e a homogeneidade dos resíduos entre tratamentos (teste de Bartlett e Levene). O teste de Anderson-Darling tem a normalidade como hipótese nula, e a não normalidade como hipótese alternativa. Um valor de p superior ao nível de significância (5%) implica a aceitação de H_o , rejeitando-a no caso contrário.

Os testes de Bartlett e Levene tiveram como hipótese nula a equivalência das variâncias entre os tratamentos e como hipótese alternativa a não equivalência. Um valor de p superior ao nível de significância (5%) implica a aceitação de H_o , a rejeição da mesma e o contrário.

Acusado fator significativo ou interação de fatores em qualquer uma das propriedades investigadas, na sequência foi utilizado o teste de Tukey (comparações múltiplas) para o agrupamento dos níveis dos fatores, e para auxiliar na interpretação dos efeitos das interações, também foram utilizados gráficos de interações entre os fatores.

Para o tratamento experimental foram fabricados seis painéis. De cada painel foram extraídos dois provetes (50x250* 10mm) para obtenção dos valores de MOE e MOR, dois provetes (150*75*10mm) para obtenção dos valores de RAPf, quatro provetes (50*50* 10mm) para obtenção do p, 4 amostras para obtenção dos valores de TU (50*50*10mm) e 4 amostras para obtenção dos valores de Inc-2h e 24h e Abs-12 e 24h (25*25* 10mm). Os valores médios das amostras foram utilizados para representar as propriedades físico-mecânicas de cada painel fabricado.

Depois de fabricados e caracterizados os painéis, os resultados foram comparados com os requisitos mínimos (Tabela 2) estabelecidos pelas normas ABNT 14810:2006 [35], ANSI A208.1 [39], CS236-66 [25] e EN 312 [40], com o objetivo de avaliar também a capacidade dos painéis fabricados em atender aos requisitos dos documentos normativos internacionais. Vale ressaltar que a norma brasileira não define requisitos para o módulo de elasticidade na flexão (Tabela 2), o que também reforça a utilização de outros documentos normativos para comparação de resultados.

Tabela 2: Requisitos para os painéis de aglomerado de partículas.

Standards	**Tickness (mm)**	**ρ (g/cm^3)**	**Inc-24h (%)**	**MOR (MPa)**	**MOE (MPa)**	**RTP (MPa)**	**RAPf (N)**
[35]	8 to 13	-	8	18	-	0.4	1020
[39]	-	>0.8	8	16.5	2400	0.9	1800
[25]	-	>0.8	55	16.8	2450	1.4	2041
[40]	> 6 to 13	-	16	16	2300	0.4	-

CAPÍTULO 4

Resultados e discussão

As Tabelas 3-8 mostram a média (x), o desvio padrão (Sd), os coeficientes de variação (Cv) e os valores mais baixos (Min) e mais altos (Max) das propriedades físicas e mecânicas dos painéis de aglomerado fabricados.

Table 3: Propriedades físicas e mecânicas dos painéis fabricados segundo o Tratamento 1 - *Eucalyptus saligna* (Es) e teor de resina de 12%.

Stat.	ρ (g/cm³)	TU (%)	Abs-2h (%)	Abs-24h (%)	Inc-2h (%)	Inc-24h (%)
$\bar{x}$	0.85	8.61	6.88	24.09	4.63	16.91
Cv	2	3	8	3	9	6
Mín	0.84	8.29	6.23	22.98	4.04	15.96
Máx	0.87	9.02	7.75	25.14	5.10	18.21

Stat.	RTP (MPa)	RAPf (MPa)	MOR (MPa)	MOE (MPa)
$\bar{x}$	1.20	878	18.75	2363
Cv	13	10	4	4
Mín	0.98	790	17.90	2199
Máx	1.43	1033	19.70	2472

Table 4: Propriedades físicas e mecânicas dos painéis fabricados segundo o Tratamento 2 - *Eucalyptus saligna* (Es) e teor de resina de 15%.

Stat.	ρ (g/cm³)	TU (%)	Abs-2h (%)	Abs-24h (%)	Inc-2h (%)	Inc-24h (%)
$\bar{x}$	0.85	8.56	7.40	23.51	4.48	16.08
Cv	2	3	7	3	9	4
Mín	0.83	8.22	6.68	22.54	3.96	15.06
Máx	0.86	8.96	7.96	24.43	5.01	17.15

Sat.	RTP (MPa)	RAPf (MPa)	MOR (MPa)	MOE (MPa)
$\bar{x}$	1.34	930.17	19.60	2402
Cv	12	12	7	3
Mín	1.05	836	18.00	2276
Máx	1.50	1123	21.20	2508

Table 5: Propriedades físicas e mecânicas dos painéis fabricados segundo o Tratamento 3 - *Eucalyptus grandis* (Eg) e teor de resina de 12%.

Stat.	ρ (g/cm^3)	TU (%)	Abs-2h (%)	Abs-24h (%)	Inc-2h (%)	Inc-24h (%)
$\bar{x}$	0.85	7.98	7.26	22.32	4.64	15.59
Cv	2	3	4	5	13	9
Mín	0.84	7.66	6.95	20.94	3.76	14.34
Máx	0.87	8.23	7.67	23.80	5.12	17.65

Stat.	RTP (MPa)	RAPf (MPa)	MOR (MPa)	MOE (MPa)
$\bar{x}$	1.17	913.50	18.47	2290
Cv	18	10	5	6
Mín	0.89	803.00	16.80	2149
Máx	1.43	1043	19.40	2490

Table 6: Propriedades físicas e mecânicas dos painéis fabricados segundo o Tratamento 4 - *Eucalyptus grandis* (Eg) e teor de resina de 15%.

Stat.	ρ (g/cm³)	TU (%)	Abs-2h (%)	Abs-24h (%)	Inc-2h (%)	Inc-24h (%)
$\bar{x}$	0.85	7.49	7.12	21.84	4.26	15.37
Cv	2	6	3	7	15	9
Mín	0.84	6.98	6.87	20.02	3.49	13.96
Máx	0.87	8.02	7.52	24.08	5.06	18.02

Stat.	RTP (MPa)	RAPf (MPa)	MOR (MPa)	MOE (MPa)
$\bar{x}$	1.24	954.83	19.72	2350
Cv	18	8	5	8
Mín	0.96	848	17.90	2158
Máx	1.57	1035	21	2602

Table 7: Propriedades físicas e mecânicas dos painéis fabricados segundo o Tratamento 5 - *Eucalyptus urograndis* (Eu) e teor de resina de 12%.

Stat.	ρ (g/cm³)	TU (%)	Abs-2h (%)	Abs-24h (%)	Inc-2h (%)	Inc-24h (%)
$\bar{x}$	0.85	7.61	6.83	25.70	5.65	13.79
Cv	2	6	10	10	21	9
Mín	0.83	6.98	5.91	23.22	4.47	11.94
Máx	0.87	8.21	7.76	29.41	7.72	15.32

Stat.	RTP (MPa)	RAPf (MPa)	MOR (MPa)	MOE (MPa)
$\bar{x}$	1.21	902.00	19.23	2248
Cv	17	10	8	6
Mín	0.97	786	17.20	2024
Máx	1.51	1039	21.60	2401

Table 8: Propriedades físicas e mecânicas dos painéis fabricados segundo o Tratamento 6 - *Eucalyptus urograndis* (Eu) e teor de resina de 15%.

Stat.	ρ (g/cm³)	TU (%)	Abs-2h (%)	Abs-24h (%)	Inc-2h (%)	Inc-24h (%)
$\bar{x}$	0.86	7.03	6.64	22.10	4.85	13.56
Cv	5	9	11	6	12	11
Mín	0.84	6.15	5.68	20.12	3.97	11.79
Máx	0.88	7.92	7.81	24.32	5.47	15.72

Stat.	RTP (MPa)	RAPf (MPa)	MOR (MPa)	MOE (MPa)
$\bar{x}$	1.29	921.50	20.22	2373
Cv	19	10	9	10
Mín	0.99	796	18.20	2052
Máx	1.60	1034	23.20	2672

Os valores médios das propriedades físicas avaliadas podem ser vistos na Figura 2.

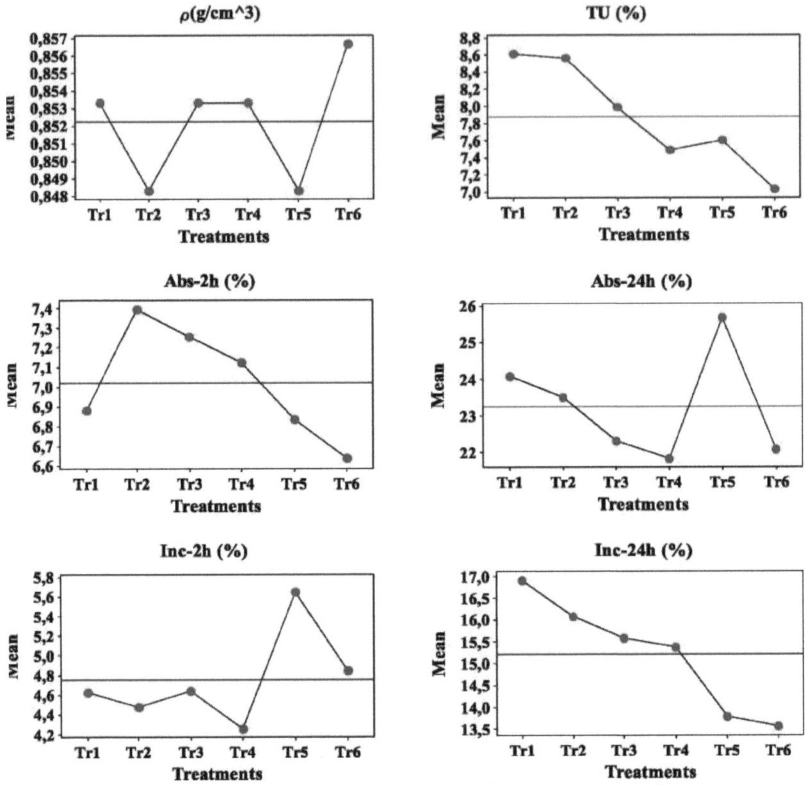

Figura 2: Valores médios das propriedades físicas dos painéis de aglomerado de partículas.

A densidade dos painéis em todos os tratamentos foi superior a 0,8g/cm , considerada como densidade média [41].

No que diz respeito ao teor de humidade, verifica-se que a utilização de 15% de teor de resina deu origem a valores médios inferiores quando comparados com o valor médio do teor de humidade dos materiais produzidos com a mesma variedade de *eucalipto* e 12% de teor de resina (Figura 2). Nota-se também que os maiores valores de teor de humidade foram obtidos com a madeira de *Eucalyptus saligna* seguida da madeira de *E. grandis* e *E. urograndis,* respetivamente. Mendes et al. [34] obtiveram valor médio de 9,77% para o teor de humidade dos painéis de aglomerado de partículas fabricados com *Eucalyptus grandis* e resina ureia-formaldeído, sendo superior aos valores do teor de humidade obtidos nos painéis fabricados com *E. saligna.*

Os valores de absorção de água após 2 e 24 horas em água dos painéis fabricados variaram no intervalo [6,34%; 7,40%] e [21%; 25,70%], respetivamente. Em geral, pode-se observar na Figura 2 que os valores médios de absorção de água apresentaram reduções dos painéis fabricados com teor de resina de 12% para teor de resina de 15%. Varanda et al. [33] encontraram 5,2% para Abs-24h para os painéis confeccionados com 100% de partículas de madeira de *Eucalyptus grandis* e resina poliuretana bicomponente à base de óleo de mamona, assim como os valores de Abs-24h dos materiais desenvolvidos neste estudo, significativamente menores que os valores de Abs-24h encontrados nas pesquisas de Mendes et al. [34] (102,5%) e Milagres et al. [27] (38,79%).

Os valores de inchamento em espessura após 2 e 24 horas dos materiais produzidos variam no intervalo [4,26%; 5,65%] e [13,56%; 16,91%], respetivamente. Tal como no caso da absorção de água, verifica-se que a utilização de um teor de resina de 15% diminuiu os valores médios de Inc-2h e Inc-24h dos painéis de aglomerado fabricados. Os valores do Inc-24h dos painéis fabricados ultrapassaram o valor máximo (8%) do Inc-24h estabelecido pelas normas ABNT NBR 14810 [35] e ANSI A208.1 [39], porém, respeitando as exigências das normas EN 312 [40] (16%) e CS236 -66 [25] (55%). Varanda et al. [33] encontraram 4,3% para o Inc-2h, também inferior ao valor médio do Inc-2h (16,8%) dos painéis fabricados por Mendes et al. [34],

Os valores médios das propriedades mecânicas dos painéis podem ser vistos na Figura 3.

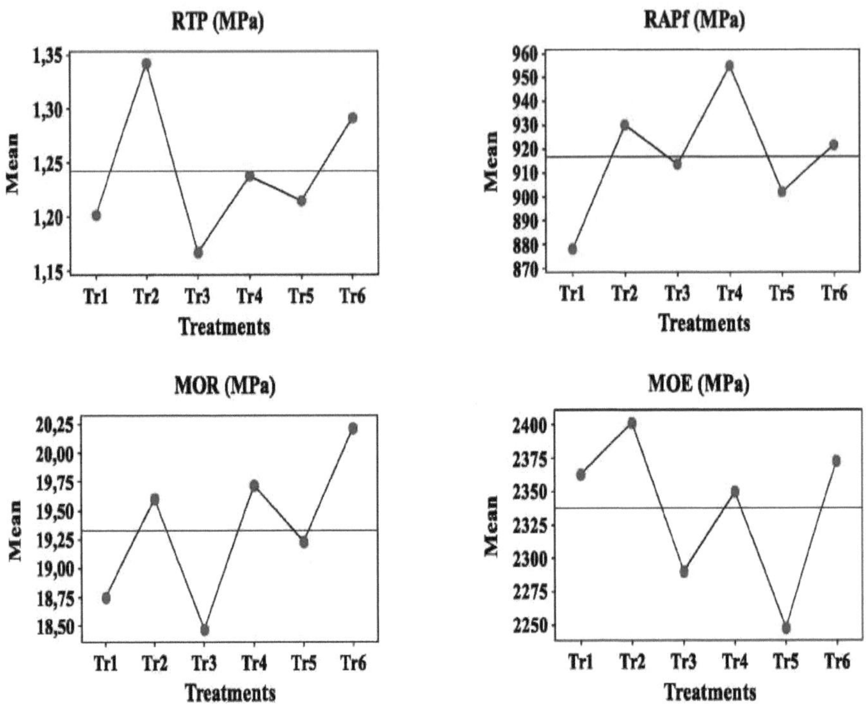

Figura 3: Valores médios das propriedades mecânicas dos painéis de partículas.

Os valores de ligação interna dos materiais fabricados variaram na faixa de [1,17 MPa; 1,34 MPa], podendo ser observado um aumento nos valores do RTP de 12% para 15% de teor de resina. Com exceção da norma CS236- 66 [25], que estabelece um valor mínimo de 1,40MPa para a RTP, os valores de RTP para os painéis fabricados atenderam aos requisitos dos demais documentos normativos utilizados [0,4MPa; 0,9 MPa]. Milagres et al. [27], Mendes et al. [34] e Varanda et al. [33] encontraram valores médios de RTP iguais a 0,73MPa, 1,84MPa e IMPa, respetivamente.

Os valores da resistência ao arrancamento dos painéis fabricados variaram na faixa de [878N; 954N], estando próximos das condições exigidas pela ABNT NBR 14810 [35] (1020N) e significativamente inferiores aos requisitos estipulados em outras normas [1800N; 204IN]. Nota-se que os valores médios de RAPf para os painéis fabricados com teor de resina de 15% foram superiores aos valores de resistência ao arrancamento dos materiais fabricados com teor de resina de 12%. Milagres et al. [27] encontraram um valor médio de 1204,9N para o RAPf, 27% maior que o valor médio do RAPf dos painéis fabricados com *eucalipto* e teor de resina de 15% (Tr4).

Os módulos de rutura dos painéis fabricados variaram na faixa de [18,47MPa, 20,22MPa], atendendo aos requisitos das normas ABNT NBR 14810 [35] (8MPa), ANSI A208.1 [39] (8MPa) e EN 312 [40] (16MPa), mas não atenderam ao requisito de 55MPa exigido pela norma CS236-66 [25]. Como esperado, os valores médios de MOR dos painéis fabricados com 15% de teor de resina foram mais elevados do que os MOR dos materiais fabricados com 12% de teor de resina. Milagres et al. [27], Mendes et al. [34] e Varanda et al. [33] encontraram valores médios de MOR iguais a 18,34MPa, 13,10MPa e 18MPa, respetivamente, e estão de acordo com os valores de MOR obtidos nesta pesquisa.

Os valores médios do módulo de elasticidade em flexão dos painéis fabricados variaram no intervalo de [2248MPa, 2402MPa]. Com exceção dos tratamentos Tr3 e Tr5, os restantes tratamentos cumprem o requisito para o MOE estabelecido pela EN 312 [40] (2300MPa). Com relação ao requisito de 2400MPa estabelecido pela norma ANSI A208.1 [39], apenas os painéis confeccionados com *Eucalyptus saligna* e teor de resina de 15% (Tr2) apresentaram média superior a 2402MPa, sendo que nenhum material produzido atendeu ao requisito de 2450MPa estipulado pela norma CS236-66 [25]. Vale ressaltar quc a ABNT NBR 14810 [35] não apresenta nenhum requisito mínimo para o módulo de elasticidade em flexão estática. Milagres et al. [27], Mendes et al. [34] e Varanda et al. [33] encontraram valores médios para o MOE iguais a 2223,74MPa, 2537MPa e 2349MPa, respetivamente, e estão próximos aos valores do módulo de elasticidade na flexão dos painéis preparados para este estudo.

O Quadro 9 apresenta os resultados da normalidade [Anderson-Darling (AD)] e da homogeneidade das variâncias [Bartlett (Bt)] para verificar os pressupostos da ANOVA, e os valores de P da ANOVA para os factores Espécie de madeira [Esp], teor de resina [Ad] e a interação entre ambos Esp xAd para cada propriedade física e mecânica investigada, encontrando-se sublinhados os valores de P considerados significativos (<0,05).

Quadro 9: Resultados da ANOVA e dos testes de validação da ANOVA.

Properties	AD	BT	ANOVA		
			Esp	Ad	Esp×Ad
TU	0.979	0.188	0.000	0.103	0.237
Abs-2h	0.755	0.121	0.082	0.726	0.200
Abs-24h	0.723	0.054	0.007	0.086	0.020
Inc-2h	0.121	0.127	0.016	0.062	0.513
Inc-24h	0.907	0.611	0.000	0.301	0.781
RTP	0.284	0.911	0.688	0.163	0.899
APf	0.178	0.988	0.719	0.238	0.910
MOR	0.716	0.519	0.441	0.024	0.929
MOE	0.837	0.216	0.471	0.159	0.778

A partir da Tabela 9 verifica-se que os resíduos da ANOVA apresentam distribuição normal e homogeneidade das variâncias, pois os valores de P dos testes foram encontrados acima do nível de significância (5%) adotado, validando o modelo ANOVA. Quanto aos factores individuais, a espécie apenas foi significativa no teor de humidade, absorção de água após 24 horas e inchamento em espessura após 2 e 24 horas, e o teor de resina apenas foi significativo no módulo de rutura. Relativamente à interação entre os dois factores, esta foi significativa apenas no Abs-24h. Nas propriedades físicas e mecânicas em que o valor de P dos factores da ANOVA foi superior a 5%, verifica-se que o respetivo fator não influenciou significativamente a média da variável-resposta. Isto implica que, de um modo geral, a utilização de espécies de *Eucalipto* com os dois níveis de teor de resina proporcionou resultados equivalentes em grande parte das propriedades, não fazendo diferença a escolha da madeira ou do teor de resina.

A Tabela 10 apresenta os resultados (agrupamentos e valores médios) do teste de Tukey para as propriedades físicas e mecânicas dos painéis fabricados. No teste de Tukey, letras iguais implicam em tratamentos com médias equivalentes.

Tabela 10: Resultados do teste de comparação múltipla de Tukey.

	Wood Specie			**Resin Content**	
Properties	**Es**	**Eg**	**Eu**	**12%**	**15%**
TU (%)	A	B	B	A	A
	8.59	7.34	7.32	8.10	7.69
Abs-2h	A	A	A	A	A
(%)	7.14	7.19	6.74	6.99	7.05
Abs-24h	AB	B	A	A	A
(%)	23.80	22.08	23.90	24.03	22.48
Inc-2h (%)	AB	B	A	A	A
	4.55	4.45	5.25	4.97	4.52
Inc-24h	A	A	B	A	A
(%)	16.50	15.48	13.68	15.43	15.00
RTP	A	A	A	A	A
(MPa)	1.27	1.20	1.25	1.19	1.29
APf (N)	A	A	A	A	A
	904.08	934.17	911.75	879.83	935.50
MOR	A	A	A	B	A
(MPa)	19.20	19.10	19.73	18.82	19.84
MOE	A	A	A	A	A
(MPa)	2382.5	2319.9	2310.10	2300	2374.80

A partir do quadro 10, o teste de Tukey mostra que a madeira de *Eucalyptus grandis* ou *de Eucalyptus urograndis* apresentou efetivamente os valores mais baixos do teor de humidade, seguida do *Eucalyptus saligna.* Para a AA-24, a utilização de *Eucalyptus urograndis* deu os valores mais elevados. Os valores mais elevados do Inc-

2h foram obtidos nos painéis fabricados com *E. urograndis,* contrariamente ao comportamento obtido para o Inc-24h, onde os valores mais baixos foram obtidos nos painéis fabricados com *E. urograndis.* Em relação ao teor de resina, o uso de 15% afetou significativamente a MOR, proporcionando aumento de 5% em relação à resistência dos materiais confeccionados com 12% de teor de resina.A Figura 4 apresenta o gráfico de interação entre os dois fatores para a absorção de água após vinte e quatro horas.

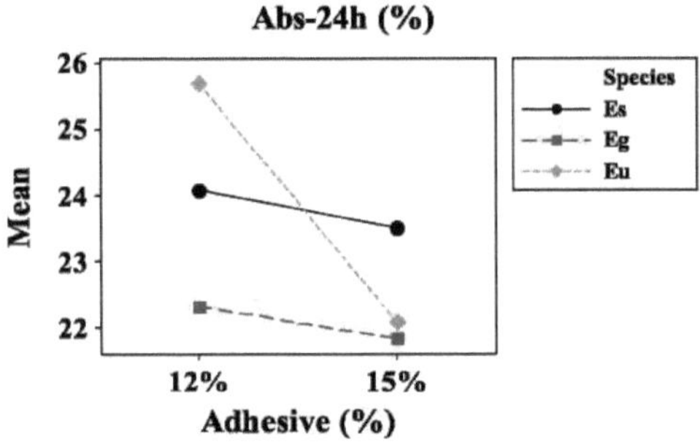

Figura 4: Gráfico de interação entre os factores para a absorção de água após vinte e quatro horas.

A partir da Figura 4, notamos que o uso de 15% de teor de resina deu valores mais baixos de Abs-24 em relação ao Abs-24 dos painéis feitos com 12%, como relatado anteriormente, e que os efeitos de interação, os painéis feitos com 15% de teor de resina e *E. grandis* e *E. urograndis* mostraram os melhores resultados.

CAPÍTULO 5

Conclusões

Esta pesquisa investiga a viabilidade de fabricação de painéis de aglomerado de partículas com a utilização de três espécies de *eucalipto* e dois teores da resina poliuretana à base de óleo de mamona, permitindo também investigar a influência de dois fatores nas propriedades físicas e mecânicas dos painéis fabricados.

Os resultados mostraram que:

- Os painéis de aglomerado de partículas podem ser considerados de densidade média;
- Os valores mais baixos do teor de humidade foram obtidos nos painéis fabricados com partículas de *Eucalyptus grandis* e com um teor de resina de 15%;
- A absorção de água apresentou reduções nos valores médios dos painéis fabricados com teor de resina de 15% a 12%, semelhante ao comportamento encontrado para o teor de humidade;
- Os valores de inchamento em espessura após vinte e quatro horas dos painéis fabricados neste estudo atenderam aos requisitos das normas EN 312 [40] (16%) e CS236-66 [25], mas não aos valores máximos estipulados pelas normas ABNT NBR 14810 [35] e ANSI A208.1 [39];
- Os valores de resistência à tração perpendicular aos materiais fabricados não só cumpriram os requisitos estabelecidos pela norma CS236-66 [25] , como satisfizeram os valores mínimos dos outros três documentos normativos utilizados;
- Os valores da resistência ao arrancamento à face dos painéis fabricados ficaram próximos, mas abaixo do requisito estabelecido pela ABNT NBR 14810 [3], e significativamente inferiores aos valores mínimos estipulados por outros documentos normativos consultados;

- Com exceção da norma CS236-66 [25], o módulo de elasticidade à flexão dos painéis cumpriu os requisitos mínimos das três outras normas;

- Para o módulo de elasticidade em flexão, quatro dos seis tratamentos prescritos cumpriram o requisito estipulado pela EN 312 [40], e apenas um dos seis cumpriu os requisitos estabelecidos pela ANSI A208.1 [39], e nenhum material fabricado cumpriu as condições exigidas pela norma CS236-66 [25];

- Através de análises estatísticas, pode-se concluir que os factores investigados influenciaram pouco as propriedades físicas e mecânicas investigadas.

De um modo geral, com exceção da resistência ao arrancamento à face, as propriedades dos painéis de aglomerado de partículas fabricados cumpriram os requisitos estabelecidos pelas normas utilizadas, e que a pequena variação provocada pela utilização de espécies de madeira *de Eucalipto* e pelos teores de resina, por razões de custos envolvidos na fabricação dos materiais, os elaborados com qualquer espécie de *Eucalipto* e 12% de resina poliuretânica à base de óleo de rícino são considerados a melhor composição investigada.

CAPÍTULO 6

Referências

[1] Tamanini, C.; Hauly, M. C. O. Resíduos agroindustriais para produção biotecnológica de xilitol. Ciencia Agrarias, v. 25, n. 4, p. 315-320, 2004.

[2] Maloney, T. M. Modem particleboard and dry-process fiberboard manufacturing. Califórnia: Miller Freeman, 1977. 672p.

[3] Iwakiri, S. Paineis de madeira: caracteristicas tecnologicas e aplicagoes. *Revista da Madeira.* Edigao especial, maio 2003.

[4] Iwakiri, S.; Prata, J. G. Utiliza^ao da madeira de *Eucalyptus grandis* e *Eucalyptus dunnii* na produgao de paineis de cimento-madeira. Ceme, Lavras, v. 14, n. l,p. 68-74, 2008.

[5] Santos, R. C.; Mendes, L. M.; Mori, F. A.; Mendes, R. F. Aproveitamento de resíduos da madeira de Candeia *(Eremanthus erythropappus)* para produção de paineis cimento-madeira. Ceme, Lavras, v. 14, n. 3, p. 241-250, jul-set 2008.

[6] Carneiro, M. G.; Ferraz, E. S. B.; Filho, M. T. Obtengao de composto madeira-plastico. Polimeriza^ao de metacrilato de metila em madeira de *Pinus strobus var. chiapensis* atraves de radia^ao gama. IPEF, n.28, p.41-44, 1984.

[7] Okamoto, T. Desenvolvimentos recentes em compósitos de madeira-plástico - extrusão de materiais à base de madeira. Mokuzai Gakkaishi, v.49, n.6, p. 401-407,

2003.

[8] Hillig, E; Freire, E.; Carvalho, G. A.; Schneider, V. E.; Pocai, K. Modelagem de misturas na fabricação de compósitos polimero-fibra, utilizando polietileno e serragem de *Pinus sp.* Ciência Florestal, Santa Maria, v. 16, n. 3, p. 343-351, 2006.

[9] Calegari, L.; Haselein, C. R.; Scaravelli, T. L.; Santini, E. J.; Stangerlin, D. M.; Gatto, D. A.; Trevisan, R. Desempenho fisico-mecanico de paineis fabricados com bambu *(Bambusa vulgaris Schr.}* em combinagao com madeira. Ceme, Lavras, v. 13, n. l,p. 57-63,2007.

[10] Moizes, F. A. Paineis de Bambu, uso e aplicagoes: uma experiencia didatica nos cursos de Design em Bauru, Sao Paulo. 2007. 113 f. Dissertao (Mestrado em Desenho Industrial) - Universidade Estadual Paulista, Bauru, 2007.

[11] Arruda, L. M. Propriedades de paineis aglomerados com resinas sinteticas a partir da mistura do bambu Guadua magna Londono e Filg. e da madeira de Pinus taeda L. 2009. 89 f. Monografia (Graduação em Engenharia Florestal) - Universidade de Brasília, Brasília, 2009.

[12] Bertolini, M. S. Emprego de resíduos de *Pinus sp.* tratados com preservante CCB na produção de chapas de partículas homogêneas utilizando resina poliuretana a base de mamona. 2011. 128 p. Dissertao (Mestrado em Ciencia e Engenharia de Materiais) - Universidade de Sao Paulo, Sao Carlos, 2011.

[13] Pedrazzi, C. Qualidade de chapas de particulas de madeira aglomerada fabricadas com residuo de uma industria de celulose. 2005. 137 f. Dissertao (Mestrado em Engenharia Florestal) - Universidade Federal de Santa Maria, Santa Maria, RS,

2005.

[14] Pelissari, J. M. A.; Penna, J. E.; Logsdon, N. B.; Abreu, J. G. Viabilidade de utilização de resíduo de "Jequitiba-vermelho" na produção de paineis homogêneos de madeira aglomerada. In: XII EBRAMEM - Encontro Brasileiro em Madeiras e em Estruturas de Madeiras, 2010, Lavras, MG. *Anais, N.* unico.

[15] Scatolino, M. V.; Silva, D. W.; Bufalino, L.; Santos, R. C.; Rosa, T. C.; Mendes, L. M. Pesquisas desenvolvidas na UEPAM da UFLA: utilização de resíduos variados na produção de paineis particulados. In: XII EBRAMEM - Encontro Brasileiro em Madeiras e em Estruturas de Madeiras, 2010, Lavras, MG. *Anais,* v. unico.

[16] Battistelle, R.; Rocco Lahr, F. A.; Varum, H. S.; Valarelli, I. D. Caracterizagao fisica das chapas de particulas com os rejeitos oriundos da cana-de-agucar e das folhas de bambu. In: XII EBRAMEM - Encontro Brasileiro em Madeiras e em Estruturas de Madeiras, 2010, Lavras, MG. *Anais,* v. único.

[17] Mendes, R. F.; Mendes, L. M.; Almeida, N. F. Associagao de eucalipto e pinus na producao de paineis aglomerados de bagago de cana. In: XII EBRAMEM - Encontro Brasileiro em Madeiras e em Estruturas de Madeiras, 2010, Lavras, MG. *Anais,* v. único.

[18] Melo, R. R.; Santini, E. J.; Haselein, C. R.; Stangerlin, D. M. Propriedades fisico-mecanicas de paineis aglomerados produzidos com diferentes proporcoes de madeira e casca de arroz. Ciência Florestal, Santa Maria, v. 19, n. 4, p. 449-460, out-dez, 2009.

[19] Instituto Brasileiro de Geografia e Estatística - IBGE. *Estatísticas 2009.*

Disponível em: <http://www.ibge.gov.br>. Acesso em: 18 ago. 2010.

[20] Associa^ao Brasileira de Produtores de Florestas Plantadas - ABRAF. *Anuario estatistico 2010.* Disponivel em: < http://www.abraflor.org.br/estatisticas.asp>. Acesso em: 14 fev. 2011.

[21] Malinovski, R. A. Reflorestamento em áreas limitrofes de propriedades rurais em São José dos Pinhais (PR): análise de perceção e de viabilidade econômica. 2002. 161 f. Disserta?o (Mestrado em Engenharia Florestal) - Setor de Ciencias Agrarias, Universidade Federal do Parana, Curitiba, 2002.

[22] Garcia, C. FL; Mora, A. L. A cultura de eucalipto no Brasil. São Paulo: SBS, 2000.

[23] Associa^ao Brasileira de Produtores de Florestas Plantadas - ABRAF. *Anuario estatistico 2010.* Disponivel em: < http://www.abraflor.org.br/estatisticas.asp>. Acesso em: 14 fev. 2011.

[24] Iwakiri, S.; Cruz, C. R.; Olandoski, D. P.; Brand, M. A. Utiliza^ao de residuos de serraria na produ^ao de chapas de madeira aglomerada de *Eucalyptus saligna, E. citriodora* e *E. pilularis.* Floresta e Ambiente, Rio de Janeiro, v. 7, n.l, p. 251-256, 2000.

[25] Norma comercial. CS 236-66: Aglomerado de partículas de madeira perfilado. [S.l.]. 1968.

[26] Pedrazzi, C.; Haselein, C. R.; Santini, E. J.; Schneider, E. R. Qualidade de chapas de partículas de madeira aglomerada fabricadas com resíduos de uma indústria de

celulose. Ciência Florestal, Santa Maria, v. 16, n. 2, p. 201-212,2006.

[27] Milagres, E. G; Vital, B. R; Della Lucia, R. M.; Pimenta, A. S. Composio de partfculas de madeira de *Eucalyptus grandis,* polipropileno e polietileno de alta e baixa densidades. Revista Arvore, Vi^osa-MG, v.30, n.3, p.463-470, 2006.

[28] Norma Nacional Americana. Aglomerado de partículas de madeira conformado: especificação. ANSI/A 208.1. Gaithersburg: National Particleboards Association, 1993.

[29] Iwakiri, S.; Matos, J. L. M.; Prata, J. G.; Torquarto, L. P.; Bronoski, M.; Nishidate, M. N. Produção de painéis laminados unidirecionais - LVL com madeiras de *Eucalyptus grandis Hill ex Maiden* e *Eucalyptus dunnii Maiden.* Floresta e Ambiente, v.15, n.2, p. 01 - 07, 2008.

[30] Iwakiri, S.; Albuquerque, C. E. C.; Prata, G. J; Costa, A. C. B. Utilizagao de madeiras de *Eucalyptus grandis* e *Eucalyptus dunnii* para producao de paineis de partfculas orientadas - OSB. Ciencia Florestal, Santa Maria, v. 18, n. 2, p. 265-270, abr.-jun., 2008.

[31] Belini, U. L.; Tomazello Filho, M. Avaliagao tecnologica de paineis MDF de madeira de *Eucalyptus grandis* confeccionados em laboratorio e em linha de producao industrial. Ciencia Florestal, Santa Maria, v. 20, n. 3, p. 493-500 jul.-set., 2010.

[32] Protasio, T. P.; Guimaraes Jr, J. B.; Mendes, R. F.; Mendes, L. M. Guimaraes, B. M. R. Correla^oes entre as propriedades fisicas e mecanicas de paineis aglomerados de diferentes especies de *Eucalyptus.* Floresta e Ambiente, v, 19, n. 2, p. 123-132, abr./jun., 2012.

[33] Varanda, L. D.; Nascimento, M. F.; Christoforo, A. L.; Silva, D. A. L.; Lahr, F. A. R. Cascas de aveia como adição na produção de painéis de alta densidade. Materials Research, v. 16, n. 6, p. 1355-1361,2013.

[34] Mendes, R. F.; Baleeiro, N. S.; Mendes, L. M.; Scatolino, M. V.; Oliveira, S. L.; Protasio, T. P. Propriedades fisico-mecanicas de paineis aglomerados produzidos com a madeira de *Eucalyptus grandis* em diferentes posi^oes radiais. Scientia Forestalls, Piracicaba, v. 41, n. 99, p. 417-423, 2013.

[35] Associa^ao Brasileira de Normas Tecnicas. NBR 14810: Chapas de madeira aglomerada. Parte 2: Requisitos; Parte 3: Metodos de Ensaio. Rio de Janeiro. 2006.

[36] Associa^ao Brasileira de Normas Tecnicas. NBR 7190: Projetos de Estruturas de Madeira. Rio de Janeiro. 1997, em revisao.

[37] Nascimento, M. F. CHP: chapas de particulas homogeneas - madeiras do Nordeste do Brasil. 2003. 143 p. Tese (Doutorado em Ciência e Engenharia de Materiais) - Universidade de São Paulo, São Carlos, 2003.

[38] Dias, F. M. Aplicagao de resina poliuretana a base de mamona na fabrica^ao de paineis de madeira aglomerada. Produtos derivados da madeira: sintese dos trabalhos desenvolvidos no Laboratorio de Madeiras e de Estruturas de Madeira, SET-EESC-USP. São Carlos: Escola de Engenharia de São Carlos, Universidade de São Paulo, p. 73-92, 2008.

[39] Norma Nacional Americana. Aglomerado de partículas de madeira conformado: especificação. ANSI/A 208.1. Gaithersburg: Associação Nacional de Painéis de Partículas. 1999.

[40] Norma Europeia. EN 312: Painéis de aglomerado de partículas - Especificações. Norma Britânica.

Versão inglesa. Bruxelas. 2003.

CAPÍTULO 7

Anexo

As tabelas Al a A6 apresentam os resultados das propriedades físicas e mecânicas obtidas por painel para os seis tratamentos experimentais delineados.

Tabela Al: Propriedades físicas e mecânicas dos painéis fabricados segundo o Tratamento 1 - Eucalyptus saligna (Es) e 12% de resina.

ρ (g/cm³)	TU (%)	Abs-2h (%)	Abs-24h (%)	Inc-2h (%)	Inc-24h (%)	RTP (MPa)	RAPf (MPa)	MOR (MPa)	MOE (MPa)
0.84	8.29	7.04	24.62	4.04	16.14	1.14	820	18.1	2304
0.86	8.87	6.23	23.76	5.10	17.83	1.43	790	19.0	2466
0.84	8.45	7.13	25.14	5.03	18.21	1.15	1033	17.9	2354
0.86	9.02	6.79	22.98	4.68	15.96	1.21	845	19.6	2199
0.87	8.38	6.34	23.85	4.52	16.47	0.98	880	19.7	2472
0.85	8.67	7.75	24.18	4.41	16.86	1.30	900	18.2	2384

Tabela A2: Propriedades físicas e mecânicas dos painéis fabricados de acordo com o Tratamento 2 - Eucalyptus saligna (Es) e 15% de resina.

ρ (g/cm³)	TU (%)	Abs-2h (%)	Abs-24h (%)	Inc-2h (%)	Inc-24h (%)	RTP (MPa)	RAPf (MPa)	MOR (MPa)	MOE (MPa)
0.83	8.51	7.1	23.77	3.96	16.34	1.32	879	18.0	2451
0.85	8.64	7.96	24.43	4.87	15.06	1.34	1123	21.2	2508
0.84	8.96	7.40	24.07	5.01	17.15	1.05	1005	19.1	2276
0.86	8.32	6.68	22.54	4.32	15.96	1.46	836	19.4	2361
0.86	8.71	7.34	22.94	4.41	15.80	1.50	849	21.0	2409
0.85	8.22	7.89	23.32	4.28	16.17	1.38	889	18.9	2406

Tabela A3: Propriedades físicas e mecânicas dos painéis fabricados de acordo com o Tratamento 3 - Eucalyptus grandis (Eg) e 12% de resina.

ρ (g/cm³)	TU (%)	Abs-2h (%)	Abs-24h (%)	Inc-2h (%)	Inc-24h (%)	RTP (MPa)	RAPf (MPa)	MOR (MPa)	MOE (MPa)
0.84	7.89	7.32	23.80	5.12	17.65	0.89	803	18.9	2255
0.86	8.23	7.39	21.66	3.76	14.34	1.43	965	16.8	2490
0.84	8.04	7.67	20.94	5.10	14.92	1.14	808	19.2	2176
0.86	7.66	6.95	23.10	4.87	14.45	0.97	1043	17.8	2149
0.87	7.96	6.98	22.61	5.05	16.84	1.31	948	19.4	2290
0.85	8.12	7.23	21.83	3.94	15.33	1.26	914	18.7	2379

Tabela A4: Propriedades físicas e mecânicas dos painéis fabricados de acordo com o Tratamento 4 - Eucalyptus grandis (Eg) e 15% de resina.

ρ (g/cm³)	TU (%)	Abs-2h (%)	Abs-24h (%)	Inc-2h (%)	Inc-24h (%)	RTP (MPa)	RAPf (MPa)	MOR (MPa)	MOE (MPa)
0.84	8.02	6.87	21.89	5.06	14.54	0.96	1004	20.4	2158
0.86	6.98	7.13	24.08	4.78	18.02	1.22	1035	17.9	2602
0.84	7.03	7.21	20.76	3.49	13.96	1.40	848	20.2	2194
0.86	7.84	7.52	21.43	3.65	14.67	1.23	1028	21.0	2206
0.87	7.55	6.97	22.85	4.13	15.59	1.05	874	19.3	2476
0.85	7.52	7.04	20.02	4.45	15.43	1.57	940	19.5	2464

Tabela A5: Propriedades físicas e mecânicas dos painéis fabricados de acordo com o Tratamento 5 - Eucalyptus urograndis (Eu) e 12% de resina.

ρ (g/cm³)	TU (%)	Abs-2h (%)	Abs-24h (%)	Inc-2h (%)	Inc-24h (%)	RTP (MPa)	RAPf (MPa)	MOR (MPa)	MOE (MPa)
0.83	6.98	6.77	23.22	6.02	15.32	1.03	832	18.6	2382
0.86	7.87	7.02	26.07	4.47	11.94	1.39	970	21.6	2401
0.84	8.21	6.32	23.56	5.86	13.66	1.51	786	18.0	2177
0.87	7.48	5.91	24.09	4.62	14.18	1.13	860	20.3	2245
0.85	7.73	7.22	29.41	7.72	12.98	0.97	925	19.7	2024
0.84	7.36	7.76	27.83	5.23	14.67	1.26	1039	17.2	2256

Tabela A6: Propriedades físicas e mecânicas dos painéis fabricados de acordo com o Tratamento 6 - Eucalyptus urograndis (Eu) e 15% de resina.

ρ (g/cm³)	TU (%)	Abs-2h (%)	Abs-24h (%)	Inc-2h (%)	Inc-24h (%)	RTP (MPa)	RAPf (MPa)	MOR (MPa)	MOE (MPa)
0.84	7.05	7.08	21.64	5.36	14.30	0.99	1034	18.8	2672
0.86	7.92	6.23	21.56	5.47	11.79	1.60	1012	21.0	2402
0.85	6.82	5.68	24.32	3.97	12.07	1.35	853	18.2	2152
0.88	6.15	6.44	21.97	4.71	14.21	1.49	880	20.4	2385
0.85	6.72	7.81	20.12	5.21	15.72	1.28	954	23.2	2052
0.86	7.51	6.58	22.96	4.38	13.29	1.04	796	19.7	2573

As Figuras Al a A9 apresentam os resultados do teste de normalidade de Anderson-Darling dos resíduos da análise de variância, do teste de Bartlett e do teste de Levene para avaliar a homogeneidade dos resíduos da ANOVA e a independência dos resíduos (tabela de resíduos x ordem) da ANOVA para as propriedades físicas e mecânicas investigadas (validação do modelo ANOVA).

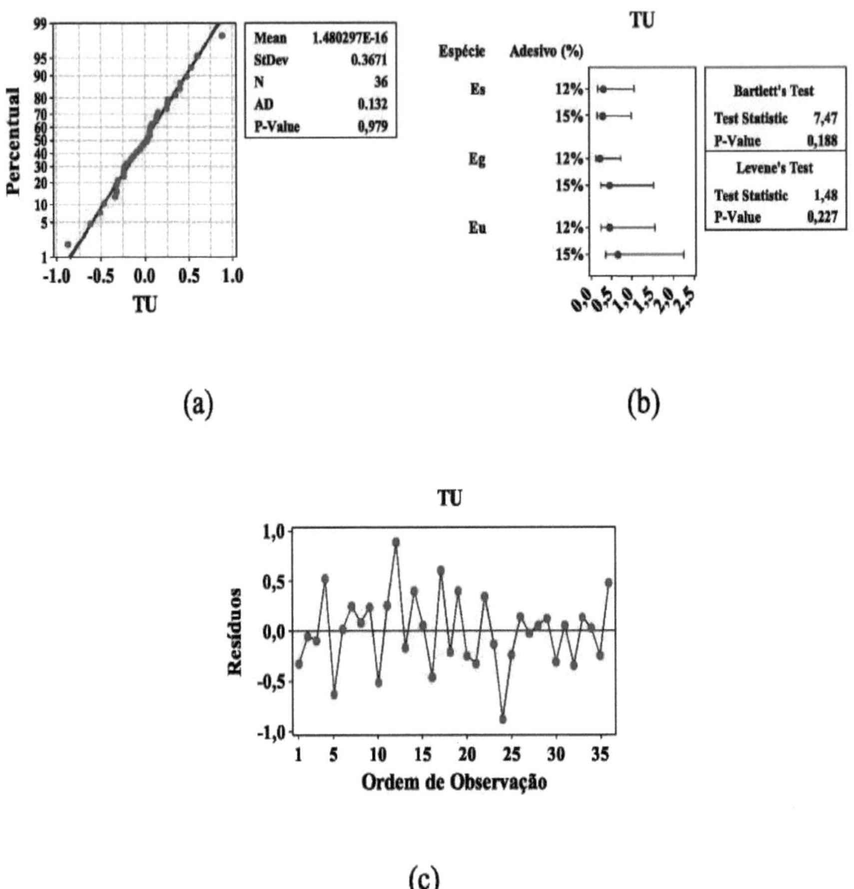

Figura AI: Resultados do teste de normalidade (a), homogeneidade entre variâncias (b) e

independência dos resíduos (c) da ANOVA para o teor de humidade.

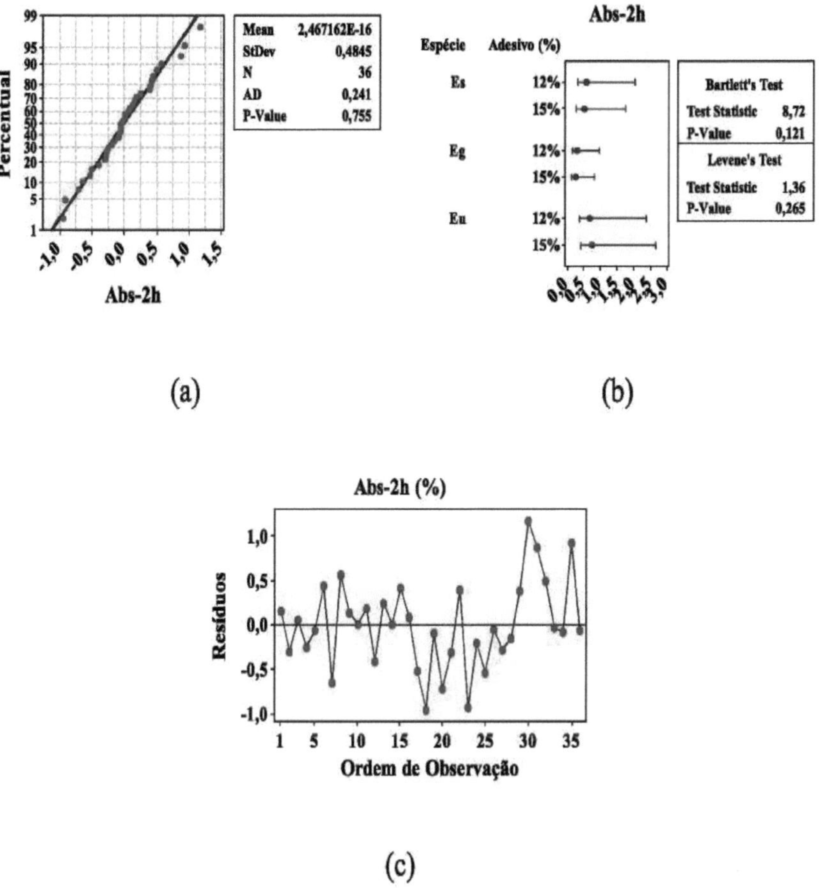

Figura A2: Resultados do teste de normalidade (a), homogeneidade entre variâncias (b) e independência dos resíduos (c) da ANOVA para a absorção de água após duas horas.

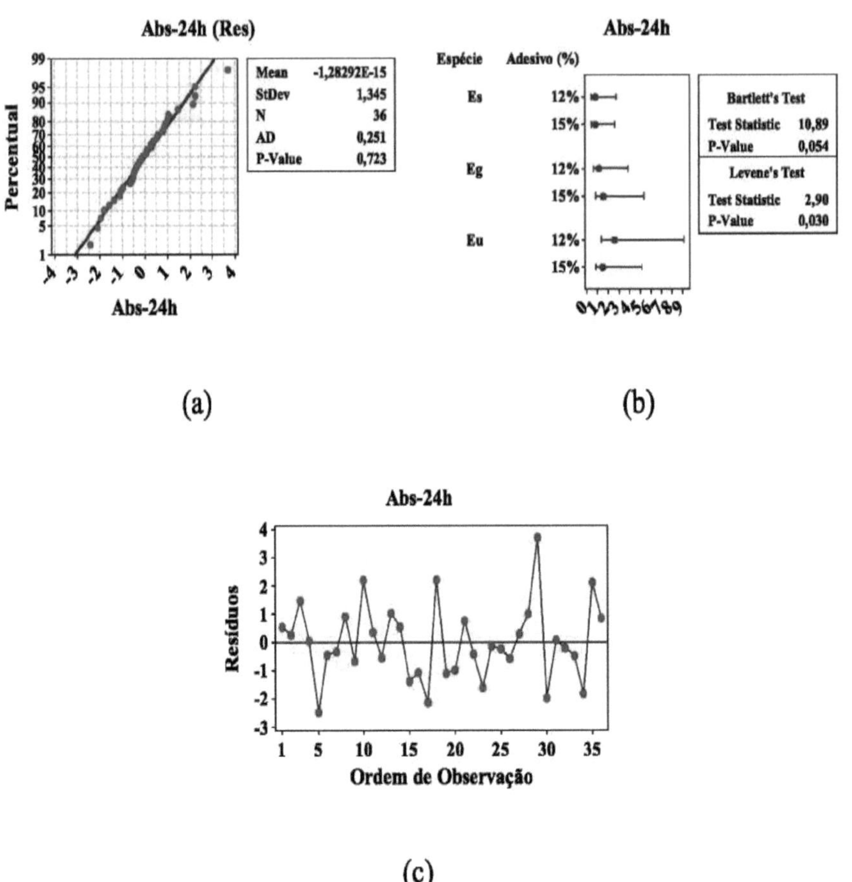

Figura A3: Resultados dos testes de normalidade (a), homogeneidade entre variâncias (b) e independência dos resíduos (c) da ANOVA para a absorção de água após vinte e quatro horas.

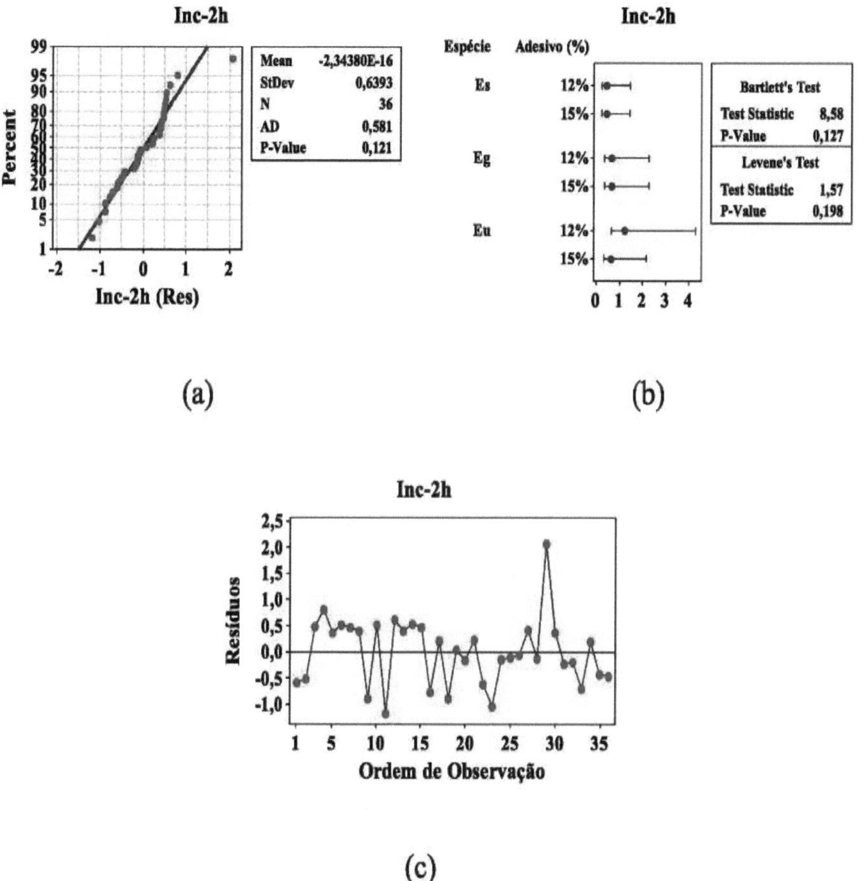

Figura A4: Resultados do teste de normalidade (a), homogeneidade entre variâncias (b) e

independência dos resíduos (c) da ANOVA para o inchamento em espessura após duas horas.

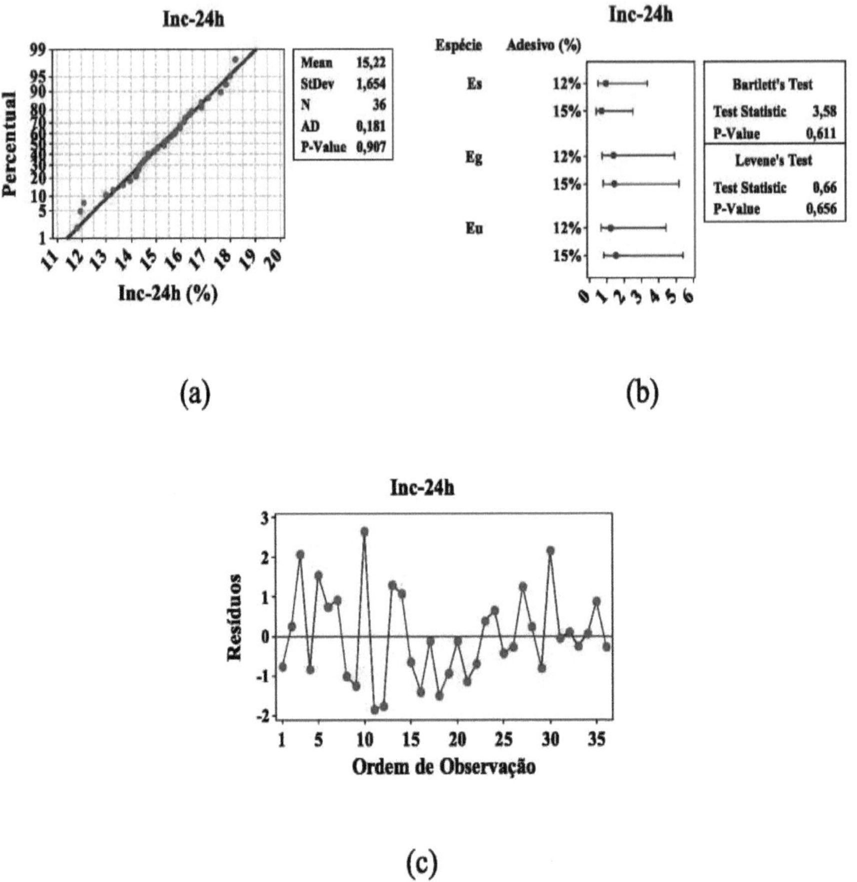

Figura A5: Resultados dos testes de normalidade (a), homogeneidade entre variâncias (b) e independência dos resíduos (c) da ANOVA para o inchamento em espessura após vinte e quatro horas.

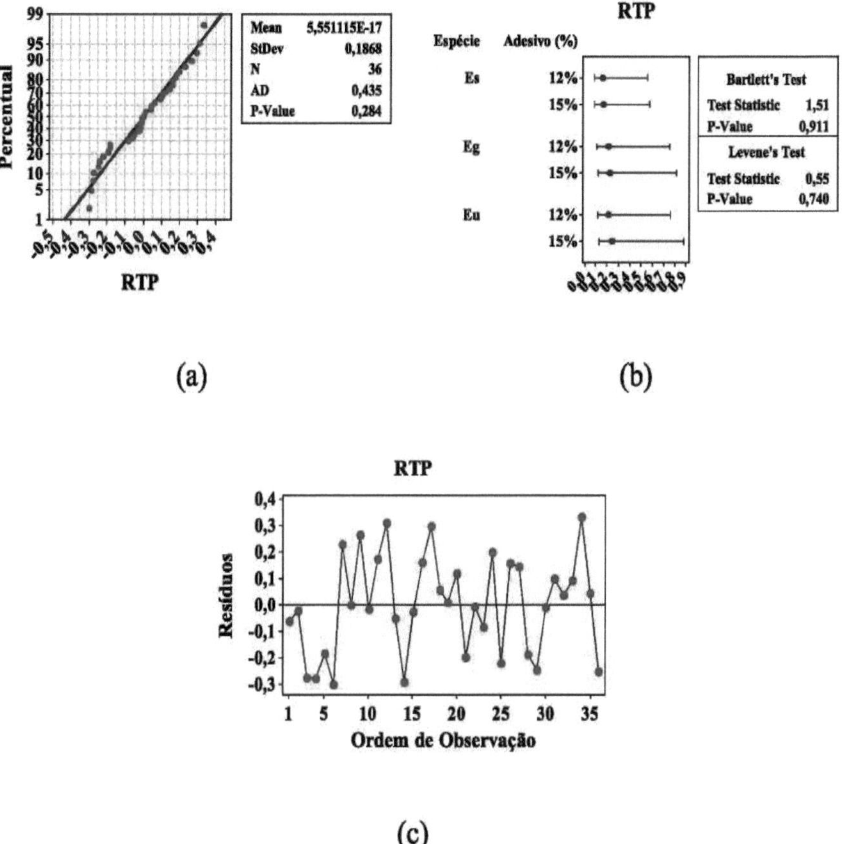

Figura A6: Resultados dos testes de normalidade (a), homogeneidade entre variâncias (b) e independência dos resíduos (c) da ANOVA para a resistência à tração perpendicular.

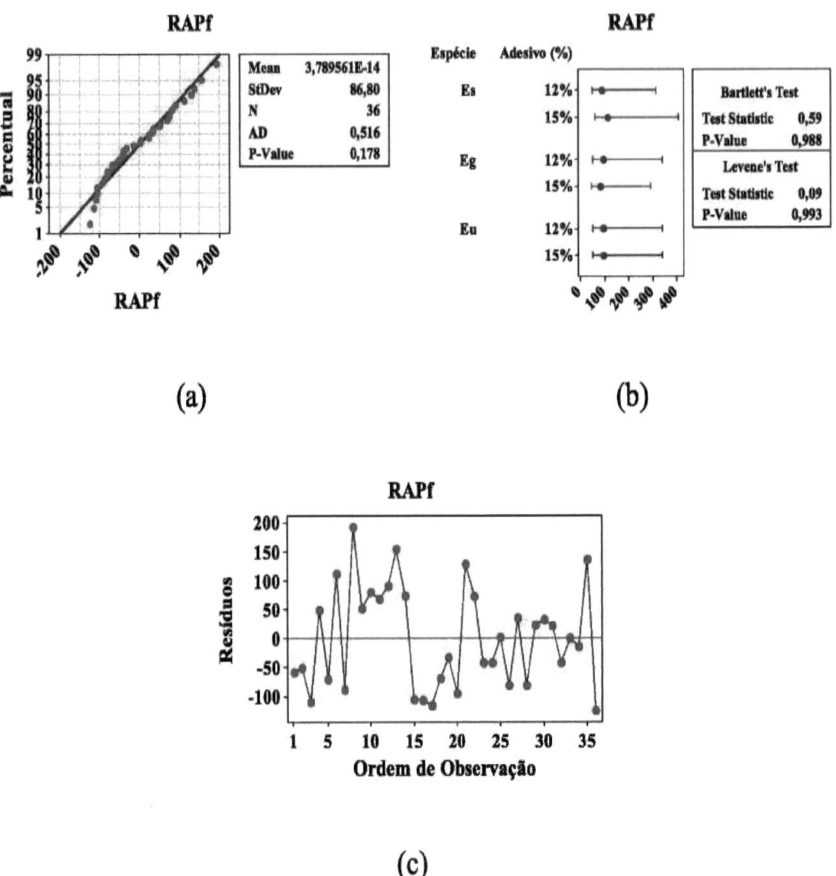

Figura A7: Resultados do teste de normalidade (a), homogeneidade entre variâncias (b) e

independência dos resíduos (c) da ANOVA para a resistência ao rasgamento do parafuso de face.

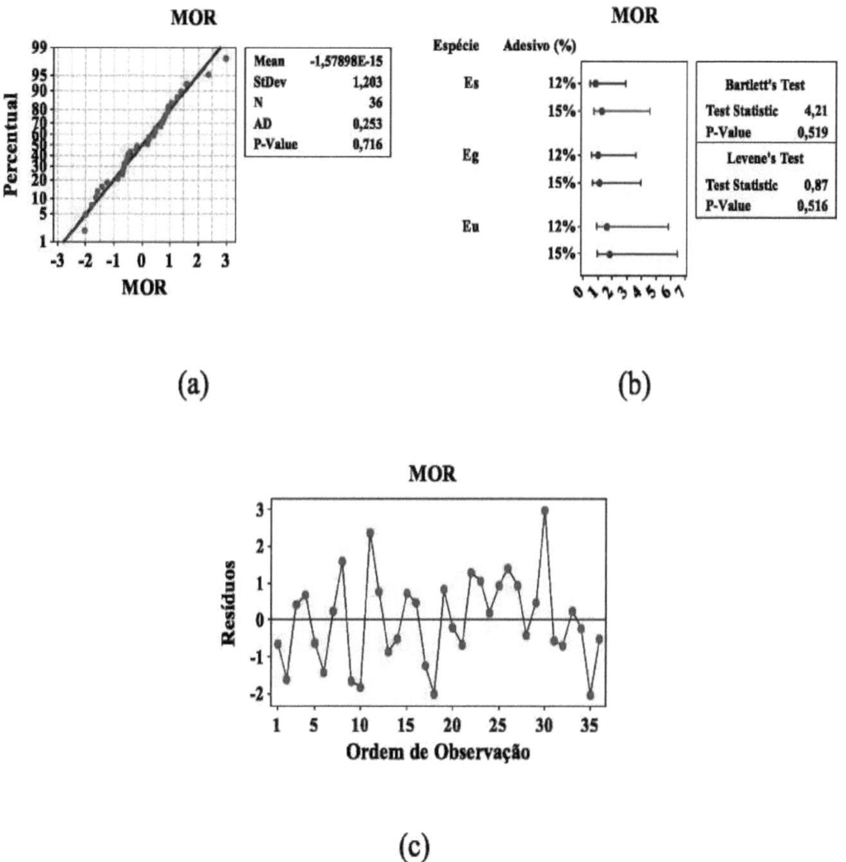

Figura A8: Resultados do teste de normalidade (a), homogeneidade entre variâncias (b) e

independência dos resíduos (c) da ANOVA para o módulo de resistência à flexão.

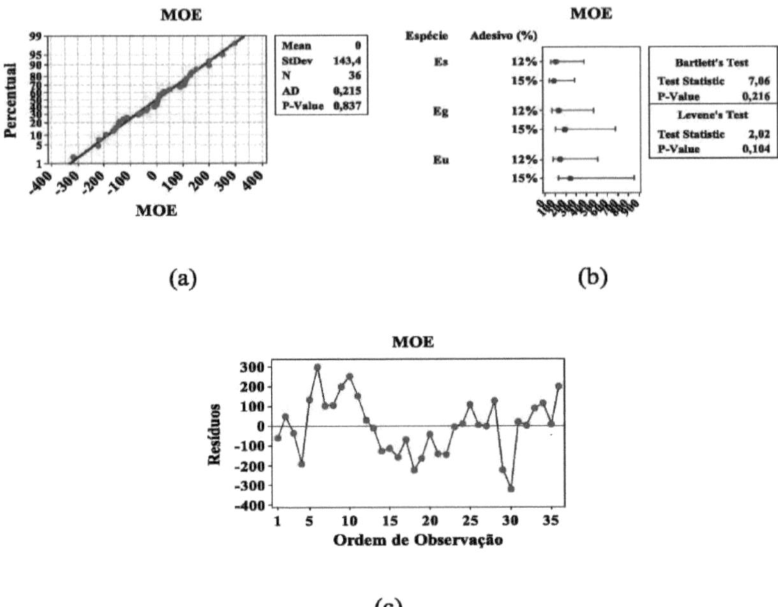

Figura A9: Resultados do teste de normalidade (a), homogeneidade entre variâncias (b) e independência dos resíduos (c) da ANOVA para o módulo de elasticidade à flexão.

As Tabelas Al a A9 apresentam os resultados da ANOVA para as propriedades físicas e mecânicas investigadas para o planejamento fatorial completo 3121, com seis tratamentos delineados em função da espécie de madeira [Esp] (Eucalyptus saligna [Es]; Eucalyptus grandis [Eg (Eucalyptus urograndis [Eu]) e do teor de adesivo [Ad] (12%; 15%) poliuretano bicomponente à base de mamona, sendo Esp x Ad a interação entre os dois fatores, GL graus de liberdade, SQ a soma de quadros, SQ-Ajust a soma de quadrados ajustados e MQ-Adjust é a média de quadrados ajustados.

Tabela Al: Resultados da ANOVA do planeamento fatorial completo para o teor de humidade.

Source	DF	SQ	SQ-Adj	MQ-Adj	F	P-value
Esp	2	10.0472	10.0472	5.0236	31.95	0.000
Ad	1	1.2619	1.2619	1.2619	8.03	0.000
Esp×Ad	2	0.4744	0.4744	0.2372	1.51	0.237
Erro	30	4.7165	4.7165	0.1572		
Total	35	16.5000				

Quadro A2: Resultados da ANOVA do planeamento fatorial completo para a absorção de água após duas horas.

Source	DF	SQ	SQ-Adj	MQ-Adj	F	P-value
Esp	2	1.4872	1.4872	0.7436	2.72	0.082
Ad	1	0.0342	0.0342	0.0342	0.12	0.726
Esp×Ad	2	0.9308	0.9308	0.4654	1.70	0.200
Erro	30	8.2151	8.2151	0.2738		
Total	35	10.6673				

Tabela A3: Resultados da ANOVA do planeamento fatorial completo para a absorção de água
após vinte e quatro horas.

Source	DF	SQ	SQ-Adj	MQ-Adj	F	P-value
Esp	2	25.036	25.036	12.518	5.93	0.007
Ad	1	21.747	21.747	21.747	10.30	0.003
Esp×Ad	2	18.873	18.873	9.436	4.47	0.020
Erro	30	63.338	63.338	2.111		
Total	35	128.993				

Tabela A4: Resultados da ANOVA do planeamento fatorial completo para o inchaço em espessura após
duas horas.

Source	DF	SQ	SQ-Adj	MQ-Adj	F	P-value
Esp	2	4.5680	4.5680	2.2840	4.79	0.016
Ad	1	1.7911	1.7911	1.7911	3.76	0.062
Esp×Ad	2	0.6502	0.6502	0.3251	0.68	0.513
Erro	30	14.3061	14.3061	0.4769		
Total	35	21.3154				

Tabela A5: Resultados da ANOVA do planeamento fatorial completo para o inchamento em espessura após vinte e quatro horas.

Source	DF	SQ	SQ-Adj	MQ-Adj	F	P-value
Esp	2	48.885	48.885	24.443	16.50	0.000
Ad	1	1.638	1.638	1.638	1.11	0.301
Esp×Ad	2	0.738	0.738	0.369	0.25	0.781
Erro	30	44.432	44.432	1.481		
Total	35	95.694				

Tabela A6: Resultados da ANOVA do planeamento fatorial completo para a resistência em tração perpendicular.

Source	DF	SQ	SQ-Adj	MQ-Adj	F	P-value
Esp	2	0.03082	0.03082	0.01541	0.38	0.688
Ad	1	0.08314	0.08314	0.08314	2.04	0.163
Esp×Ad	2	0.00871	0.00871	0.00435	0.11	0.899
Erro	30	1.22102	1.22102	0.04070		
Total	35	1.34367				

Tabela A7: Resultados da ANOVA do desenho fatorial completo para a resistência ao arrancamento do parafuso de face

.

Source	DF	SQ	SQ-Adj	MQ-Adj	F	P-value
Esp	2	5865	5865	2933	0.33	0.719
Ad	1	12769	12769	12769	1.45	0.238
Esp×Ad	2	1661	1661	831	0.09	0.910
Erro	30	263691	263691	8790		
Total	35	283986				

Tabela A8: Resultados da ANOVA do desenho fatorial completo para o módulo de resistência à flexão.

Source	DF	SQ	SQ-Adj	MQ-Adj	F	P-value
Esp	2	2.842	2.842	1.421	0.84	0.441
Ad	1	9.507	9.507	9.507	5.63	0.024
Esp×Ad	2	0.249	0.249	0.124	0.07	0.929
Erro	30	50.638	50.638	1.688		
Total	35	63.236				

Tabela A9: Resultados da ANOVA do planeamento fatorial completo para o módulo de elasticidade à flexão.

Source	DF	SQ	SQ-Adj	MQ-Adj	F	P-value
Esp	2	37030	37030	18515	0.77	0.471
Ad	1	50176	50176	50176	2.09	0.159
Esp×Ad	2	12170	12170	6085	0.25	0.778
Erro	30	719903	719903	23997		
Total	35	819279				

Printed by Books on Demand GmbH, Norderstedt / Germany